DE LA
PHRÉNOLOGIE

D'APRÈS

LES DEUX OUVRAGES RÉCEMMENT PUBLIÉS

PAR M. FLOURENS,

DE L'INSTITUT;

ET M. LÉLUT, MÉDECIN EN CHEF DE LA SALPÊTRIÈRE;

PAR

M. A. MOLLIÈRE.

LYON.

IMPRIMERIE DE L. BOITEL,

QUAI SAINT-ANTOINE, 36.

1844.

DE LA

PHRÉNOLOGIE

D'APRÈS

LES DEUX OUVRAGES RÉCEMMENT PUBLIÉS

PAR M. FLOURENS,

DE L'INSTITUT,

ET M. LÉLUT, MÉDECIN EN CHEF DE LA SALPÊTRIÈRE;

PAR

M. A. MOLLIÈRE.

LYON.

IMPRIMERIE DE L. BOITEL,

QUAI SAINT ANTOINE, 36.

—

1844.

DE LA PHRÉNOLOGIE,

D'APRÈS LES DEUX OUVRAGES RÉCEMMENT PUBLIÉS

PAR M. FLOURENS, DE L'INSTITUT,

ET M. LÉLUT, MÉDECIN EN CHEF DE LA SALPÊTRIÈRE,

———

Les ouvrages qui traitent des sciences naturelles restent ordinairement, pour les profanes, murés dans la spécialité à laquelle ils appartiennent : applaudis ou censurés par les habiles dans cette science, ils sont généralement reçus de confiance, avec ce baptême, par le vulgaire instruit, qui n'a ni la capacité ni le temps requis pour reviser ce premier jugement. Ainsi se forme pour eux leur public, et l'on ne verrait pas pourquoi ce mode d'appréciation déplairait à leurs auteurs ; car, s'ils ont d'une part à redouter parfois une partialité, qui a sa source dans la jalousie, ils ont aussi pour eux l'intérêt de la science particulière à laquelle se sont consacrés leurs juges ; cet intérêt qui, chez les ames honnêtes, développe un zèle et un amour de son progrès, supérieur aux injustices de l'envie : enfin, plus que tous autres, ils ne sont justiciables que de leurs pairs.

Mais lorsque ces sciences spéciales sortent des catégories distinctes, où l'abstraction philosophique les a placées dans le but d'une plus scrupuleuse étude des phénomènes, et qu'elles tendent, en s'élevant dans la sphère métaphysique, à s'unir ou à lutter avec une idée reçue dans cet ordre, alors elles échappent à leur prison scientifique pour entrer dans le domaine public de l'intelligence, et ne peuvent aspirer au véritable succès qu'après avoir subi la seconde épreuve, et réuni l'approbation des philosophes à celle que leur avaient donnée leurs *experts* : cet accord entre ces deux jurys de jugement doit être une condition de rigueur; car s'il était indifférent, la vérité ne serait pas une, c'est-à-dire que la vérité ne serait pas la vérité. Mais, si ce double assentiment est le plus incontestable signe du mérite de ces sortes d'ouvrages, il est malheureusement vrai également que rien n'est plus difficile à obtenir. L'esprit d'exclusion domine les savants spéciaux et influe sur les décisions qu'ils s'*infligent* réciproquement. Rien alors n'est plus triste que la situation d'esprit de ces hommes qui, sans appartenir à ces deux aristocraties de la pensée, constituent cependant avec elles la grande masse intelligente, et recherchent le vrai avec non moins d'ardeur et de bonne foi. D'une part, en effet, le naturaliste les presse avec sa logique d'observations et de faits qu'ils ne peuvent contrôler, grâce à la mystérieuse terminologie dans laquelle il se drape : d'autre part, aussi, le philosophe, plein d'un insultant dédain pour les méthodes expérimentales, les entraîne avec lui dans ses spéculations nuageuses, souvent tout aussi inaccessibles à ces infortunés. Que faire alors, surtout lorsque la question les intéresse et qu'elle touche, par exemple, au grand problème de leur nature ? Ils seraient condamnés au doute éternel, s'il ne survenait pas toujours un homme capable de poser avec une intelligence doublement spéciale les deux termes de la formidable équation, et de les conduire à la solution desirée, à la clarté des deux flambeaux réunis du syllogisme et de l'induction.

A aucune doctrine, plus qu'à celle du docteur Gall, ne pouvaient s'appliquer les précédentes réflexions : à aucun autre homme, mieux qu'à M. Flourens, ne pouvait faire allusion l'hypothèse qui les termine.

La *Phrénologie* est, en effet, une science qui a sa base dans l'étude des organes; par là, elle tient à la famille des sciences naturelles. Elle a, en second lieu, la prétention implicite ou exprimée, mais du moins rigoureusement logique, de modifier profondément le monde intellectuel et moral; par là elle fait irruption dans les régions de la raison pure. Sous ces deux points de vue son étude était difficile autant que grande son importance. D'une part, elle nous présentait en forme d'un *credo* absolu et impérieux le bizarre échiquier qu'elle a tracé sur le crâne humain; de l'autre, elle se donnait à peine le soin de cacher les atteintes violentes qu'elle projetait contre le libre arbitre. Son étrange originalité, ses résultats d'application piquants et pleins d'attraits, sa consanguinité incontestable avec le matérialisme de l'époque de sa naissance qui se mourait alors, et tressaillait à son lit de mort de se voir ainsi formuler et ressusciter, tout se réunissait pour créer à cette nouveauté un règne de mode incontestable. Né sous le ciel froid de l'Allemagne, elle accourut en toute hâte prendre son droit de bourgeoisie en France, dans cette ville unique dans l'univers, où toutes les opinions, bonnes ou mauvaises, viennent mendier leurs lettres de créance pour se produire plus avantageusement dans le reste du monde. Malgré les précoces hérésies qui éclatèrent entre les deux pères de la doctrine, son succès fut immense. Les physiologistes acceptèrent des observations dont la justesse n'était que virtuellement déduite de la capacité spéciale et du mérite incontestable de leur auteur ; le vulgaire demi-savant, avide de nouveau, suivit en vrai mouton de Panurge et jura sur la foi du maître. On conçoit d'ailleurs la séduction que dut exercer cet ingénieux système. Les invincibles excuses qu'il préparait aux passions les plus chéries comme aux plus honteuses, durent lui valoir bien des adeptes, bien des complices. Et puis quel charme ce serait de pouvoir lire tout l'homme sur son front comme sur un écriteau, et pénétrer sans erreur possible l'abîme jadis impénétrable de son cœur! En fallait-il davantage pour aveugler sur la valeur des preuves données pour base à cette théorie ? Elles furent donc incontestées et déclarées incontestables ; et tandis que Spurzheim, que plus tard devait imiter **M.** Vimont, ruinait tout l'avenir du symbole phrénologique en bouleversant les localisations primitives du maître, on se hâtait déjà d'appliquer des règles qui s'annulaient en se contredisant, et le langage lui-même subissait l'influence de cette disposition fâcheuse des esprits. Ce qu'on appelait jadis *passion*, *sentiment*, prit le nom plastique de *sens*. Une haute *intelligence*, un beau *génie*, se transformèrent en une *riche organisation* : enfin le barbare vocabulaire dogmatique de ces créateurs vint mettre le comble à cet outrage fait à notre belle langue, réputée jusqu'alors la plus métaphysique et la plus philosophique du monde. En vain les psycologistes réfléchis gémissaient-ils de cet entraînement. Ils avaient beau dire, avec le bon sens, qu'un système, dont les extrêmes conséquences étaient de détruire l'*unité* du *moi*, et la liberté de l'être intelligent, ne pouvait être qu'une erreur imprudente ou coupable. Impuissantes à démontrer la fausseté des faits, leurs protestations se brisaient contre l'acier du scalpel et les investigations, prétendues infaillibles de l'index professoral : les disciples se multipliaient et se groupaient en académies, et ces belles rêveries devenaient

une science avant d'avoir été même une étude. Tout cela
dut nous scandaliser, nous autres profanes ; car il ne s'agissait, pour nous, de rien moins que de renoncer à des vérités
de sens intime pour subir des vérités de foi. Il nous fallait
rétrograder au *magister dixit* de l'école, et cela pour donner un démenti aux notions les plus élémentaires de la plus
saine ontologie. Toutefois le désespoir n'était pas à craindre,
car cet antagonisme qu'on a nié, mais qui est de rigueur,
éclairait déjà suffisamment la question et devait faire pres-
sentir une réaction infaillible. Ce n'est pas, en effet, quoiqu'en ait dit Bacon, la physique qui domine la philosophie ;
il vaut mieux croire avec de Maistre « qu'il n'y a pas de
science qui ne doive rendre compte à la métaphysique et
répondre à ses questions. »

Nous étions dans cet état d'esprit, lorsqu'après de nom-
breux efforts de part et d'autre, s'est présenté dans la lice un
homme remarquable, qui, plus que tout autre, avait le droit
de résumer et de conclure. Physiologiste habile et renommé
autant que métaphysicien exact et profond, il pouvait reven-
diquer le privilége assez rare d'une double autorité. Son
livre aurait justifié ce juste amour-propre. Court et pourtant complet, spécial et cependant accessible à tous les esprits, il a jeté tant de lumière sur ce système trop célèbre et
néanmoins si mal connu, qu'après l'avoir lu, tout esprit bien
fait, malgré son ignorance au regard des sciences organo-
logiques, peut discuter, et même affirmer et croire, sans
avoir à redouter le reproche de présomption. Pour juger si
nous avons tort ou raison nous-même dans ce jugement,
l'épreuve n'est ni longue ni pénible. On peut lire cet excellent petit livre et s'assurer si nous en imposons, lorsque nous
osons dire que cette lecture est aussi attrayante qu'instructive. Cependant, comme il est des hommes que la robe doc-
torale effraye, et pour qui toute lecture, qui excède les bornes

de quelques feuilletons, est un travail décourageant, nous pensons bien faire, nonobstant notre indignité, en mettant ici en relief les points les plus saillants de cette remarquable discussion. Nous ne croyons même pas être astreint à une sorte de justification préalable à l'égard de notre incompétence partielle; car, s'il faut des études profondes pour scruter l'organisme, il ne faut qu'une intelligence saine pour induire des phénomènes les théories rationnelles; une fois donc, ces phénomènes rendus compréhensibles par la lucidité de l'exposition faite par le savant spécial, tout le reste de l'examen ressortit des sciences logique et ontologique qui, nous osons du moins le croire, ne nous sont pas aussi complétement étrangères.

Nous allons donc commencer cette difficile analyse, en tête de laquelle nous ne craignons pas d'inscrire la conclusion à laquelle nous avons été irrésistiblement amené. Cette conclusion, la voici : Admis une fois les faits physiologiques, affirmés par la science moderne à laquelle nous en abandonnons, comme il est juste, l'entière responsabilité, il est impossible de justifier la doctrine phrénologique aux yeux d'un homme de bons sens non prévenu.

M. Flourens commence à mettre son ouvrage sous le *vocable* de Descartes, et il s'écrie avec Bossuet : *J'ai un sentiment clair de ma liberté.* C'est le cri du bon sens et du génie.

Comme son but est de faire avant tout une bonne action, il dédaigne le verbiage des longues préfaces. Le sot amour-propre seul est bavard, quand il parle de lui-même : l'homme utile et modeste signale le danger d'une fausse doctrine; il emploie, dans l'accomplissement de ce devoir social, tout ce qu'il a de lumière et d'énergie dans l'intelligence, et puis après, sans se préoccuper si ridiculement de ce qui doit lui revenir de gloire personnelle pour prix de ses efforts, il s'arrête calme, et trouve en lui-même la plus précieuse des rémunérations, la satisfaction de la conscience et le sentiment du service rendu.

Voici cette préface, modèle de concision et chef-d'œuvre de logique :

« J'ai vu les progrès de la phrénologie et j'ai écrit ce livre.

« Chaque siècle relève de sa philosophie :
« Le XVIIe siècle relève de la philosophie de Descartes;
« Le XVIIIe relève de Locke et de Condillac;
« Le XIXe doit-il relever de Gall ?
« Cette question a bien quelqu'importance. J'examine successivement ici la phrénologie dans Gall, dans Spurzheim et dans M. Broussais.

« J'ai voulu être court. Il y a un grand secret pour être court : c'est d'être clair.

« Je cite souvent Descartes; je fais plus, je lui dédie mon livre. J'écris contre une mauvaise philosophie, et je rappelle la bonne. »

Oui, M. Flourens a raison; les philosophies font les siècles et n'en sont pas l'expression, comme on le dit trop souvent; elles sont causes et non effet, et par conséquent tout ce qui tend à les modifier, à les transformer est grave. Que des esprits superficiels nient, ou ne s'aperçoivent pas que la théorie de Gall tende à déprimer la nôtre dans l'*immoralisme* (qu'on me passe ce mot) le plus désespérant; qu'ils n'y voient qu'une nouveauté piquante, cela se peut; il est si facile de se laisser abuser par des rêveries ingénieuses : mais que le savant sérieux, que même l'homme simplement réfléchi, ne voie pas la portée de ce système, c'est ce qui ne peut lui arriver, surtout après avoir lu l'excellent travail de M. Flourens. En effet, Gall supprime l'unité de la substance intelligente ; il la remplace par des facultés indépendantes, isolées, contingentes et représentées par des organes spéciaux ; qu'est-ce donc alors que la volonté, si ce n'est un instinct purement nominal, quand lesdits organes existent ? qu'est-elle et peut-elle être, quand les organes n'existent pas ? Oui, la volonté est un instinct passif, quand les organes existent. Qui pourrait, en effet, combattre l'exigence de la faculté ainsi représentée ? seraient-ce les autres facultés, fortuitement représentées à des degrés égaux ou inégaux ? mais ce ne serait toujours là qu'une tyrannie complexe exercée sur la volonté et non une libre détermination. Oui, la volonté est nulle, quand les organes représentatifs des facultés n'existent pas. Où serait, en effet, son mobile ? nulle part : la notion même de cette faculté serait impossible, aussi impossible que la notion de la vision et de la couleur pour l'aveugle-né, et celle du son pour le sourd. Le moi, un et indivisible, serait seul capable, dans le premier cas, de lutter et de réagir contre l'organe ; dans le second cas, de le suppléer ; or, Gall l'a anéanti, et a dû l'anéantir, car s'il l'eût laissé survivre, son invention n'avait aucune signification. Si donc la volonté est passive ou nulle, il n'y a point de liberté ; s'il n'y a point de liberté, il n'y a point d'imputabilité ; s'il n'y a point d'imputabilité, il n'y a point d'ordre moral : voilà le fond de l'abîme dont Gall est le point de départ. Après cela, l'importance de la question est-elle assez démontrée ?

I.

M. Flourens examine, d'abord, la doctrine de Gall en général, et la résume en ces deux propositions : 1° L'intelligence réside exclusivement dans le cerveau ; 2° Chaque fa culté particulière de l'intelligence a, dans le cerveau, un organe propre.

La première, dit-il, n'a rien de neuf; la seconde, peut-être, rien de vrai.

Pour justifier sa première affirmation, M. Flourens jette un coup d'œil rapide et plein d'intérêt sur tous les travaux antérieurs dont le cerveau a été l'objet, soit de la part des métaphysiciens, soit de celle des naturalistes. Descartes plaçait l'ame dans la *glande pinéale*; Willis, dans les corps cannelés; la Peyronie, dans les corps *calleux*, etc... Enfin, tous les plus grands noms et les moins suspects des deux sciences : Sœmmerring, Haller, Cabanis, Cuvier, Bichat, Condillac, Helvétius viennent donner à cette assertion l'appui de leur autorité : enfin Gall lui-même s'y réunit, puisque sa localisation même n'est faite par lui que dans la masse de l'encéphale, dans laquelle jusqu'à lui on avait circonscrit le principe immatériel, mais en respectant son indivisibilité.

A ce point de la discussion, M. Flourens, avec ce sentiment profond des convenances, qui est le trait distinctif des véritables savants paye un juste tribut d'éloges aux éminentes qualités de son adversaire, à la sagacité de son esprit observateur, et au mérite incontestable qui lui revient pour avoir fait prévaloir cette localisation générale de l'ame dans le cerveau. « Cette notion, dit-il, était dans la science avant Gall; on peut dire que depuis Gall elle y règne. » Gall, en effet, a démontré victorieusement qu'aucun sens ne pouvait prétendre à une participation immédiate aux fonctions de l'intelligence. Suivant lui, ils sont toujours développés en raison inverse de cette dernière, et seul, le cerveau suit une loi contraire. La perte d'un sens n'affecte pas l'intelligence; mieux que cela, l'intelligence rend une vie fictive aux sens et aux organes détruits ; au contraire, la seule compression du cerveau, qui abolit l'intelligence, les abolit tous.

Cette loi de relation est donc admise par tous dans la science, et la première proposition, dont M. Flourens s'est imposé l'examen, serait complétement justifiée ; il aurait démontré, en d'autres termes, que Gall n'a rien dit de neuf quand il a fait du cerveau le siége de l'ame, s'il n'avait voulu, en même temps, indiquer ses erreurs sur cette question incontestée, et par conséquent, réduire, par avance, de quelque chose, l'infaillibilité, si légèrement acceptée, de cet habile observateur.

Gall et ses disciples, en effet, ont cru que le cerveau pris en masse était l'organe de l'ame, sauf à diviser après. Il paraît, d'après les affirmations positives de la physiologie actuelle, qu'il n'en n'est rien ; puisqu'il est admis, sans contradiction possible en face des faits, que, « si l'on enlève le cervelet à un animal, il ne perd que ses mouvements de locomotion ; si l'on enlève ses tubercules quadrijumeaux, il ne perd que la vue ; si l'on détruit sa moëlle allongée, il perd ses mouvements de respiration, et, par suite, la vie. » Le savant docteur en conclut légitimement qu'aucune de ces parties n'est organe de l'intelligence.

Les hémisphères cérébraux sont seuls représentatifs de l'intelligence, parce que l'intelligence n'est affectée que par eux, et qu'alors même, tout reste sauf dans l'homme, hormis l'intelligence. Ainsi en a décidé l'observation, depuis Gall ; et, moins que tout autre, le novateur pourrait-il contester ses oracles? Il a fait appel à l'observation, et l'observation a ruiné ses rêves. Elle a dit souverainement que l'encéphale était un organe multiple, qu'il se composait : 1° du cervelet qui est le siége du principe de locomotion ; 2° les tubercules quadrijumeaux, siége du principe qui anime le sens de la vue ; 3° la moëlle allongée, siége du principe de la respi-

ration ; et, enfin, 4° les hémisphères cérébraux proprement
dits, siége et siége exclusif de l'intelligence. Ces articles de
foi de la science sont basés sur les observations les plus con
cluantes, justificatives de cette loi du monde physiologique,
à savoir, que le développement des organes est corrélatif à
celui du principe dont ils sont le siége. Ainsi, dans les di—
vers genres d'animaux, à la plus grande intelligence, toute
proportion gardée, correspond toujours le plus grand développement des hémisphères ; à la plus grande motilité le plus
grand cervelet, etc., etc...

La division du cerveau entre les instincts physiques, ou
plutôt les fonctions vitales, et l'intelligence s'est donc parfaitement opérée depuis Gall ; nous savons pourtant qu'à
toutes les parties du cerveau, indistinctement, Gall a imposé
et ses continuateurs ont maintenu des attributions purement
intellectuelles ou morales. Que penser de cette contradiction,
et que répondront ces derniers qui ont tant exalté la logique des faits? la géographie cranioscopique est donc au
moins à refaire quant à présent. Mais poursuivons ou plutôt
suivons **M.** Flourens dans l'étude de la seconde proposition
de Gall.

Le cerveau est-il indivisiblement l'organe de toutes les
facultés ou bien chacune de ses parties est-elle affectée à
chacune de ces dernières ?

Cette question a son côté physiologique et son côté métaphysique ou purement rationnel.

Au premier point de vue elle me paraît tranchée par les
récentes expériences dont **M.** Flourens nous donne le résultat.
« On peut, dit-il, retrancher, soit par devant, soit par derrière, soit par en haut, soit par côté, une portion assez
étendue des hémisphères cérébraux, sans que l'intelligence
soit perdue; une portion restreinte de ces hémisphères suffit
donc à l'exercice de l'intelligence.

« D'un autre côté, à mesure que ce retranchement s'o-
père, l'intelligence s'affaiblit et s'éteint graduellement, et,
passé certaine limite, elle est tout-à-fait éteinte. »

Pour moi, je ne sais, mais je trouve ces conquêtes de la
science si décisives que je ne voudrais que cela pour ne plus
douter. Quoi ! l'intelligence dans ces opérations, s'en va pro-
portionnellement et en masse, et non pas pièce à pièce,
facultés par facultés, et le système de Gall pourrait être vrai !
Qui ne voit donc ici l'essentielle corrélation de tous les hémisphères avec toute l'intelligence, et l'unité, l'indivisibilité
de l'organe aussi complètes que l'unité et l'indivisibilité de
l'intelligence ? M. Flourens n'en est encore qu'aux considérations générales ; à quel degré d'évidence ne nous feront donc
pas arriver ses preuves spéciales !

Il ébauche aussi brillamment sa revue générale de la
psychologie de Gall.

L'unité de l'intelligence est la vérité de sens intime la plus
invinciblement crue. Gall, au contraire, fait autant d'entités
distinctes qu'il énumère de facultés également distinctes.
« Chaque faculté, selon Gall, a sa perception, sa mémoire,
son jugement, sa volonté, etc... c'est-à-dire tous les attri-
buts de l'intelligence proprement dite. Ce qui revient à dire
que chaque faculté a des facultés, que chaque faculté est
une intelligence tout entière. Et qu'on ne croit pas que ces
non-sens psychologiques soient prêtés à Gall par voie de
déduction : il dit, en effet, positivement : « Toutes les facultés
intellectuelles sont douées de la faculté perceptive, d'attention,
de mémoire, etc.... » Ailleurs, il parle de chaque intelligence
individuelle.

Il en compte jusqu'à 27, et l'ame n'est que l'expression
collective de tout cela, ou si l'on aime mieux, le résultat
de leur action commune et simultanée. L'ame un résultat !
Telle est la théorie de l'ame, suivant Gall.

Ce savant, à l'esprit myope, avait voulu se rendre compte de certains phénomènes inexpliqués, soit les aptitudes, les passions dominantes ; pour les loger convenablement dans le cerveau, il a usurpé le palais de l'ame, et le leur a distribué en chambres, et le digne homme ne s'est point aperçu qu'il chassait l'hôte céleste de sa demeure, et que, pour nommer des phénomènes (il n'a fait que cela), il a outragé le dogme de l'unité de l'intelligence, ou du moi : dogme plus fort que toutes les philosophies, dit M. Flourens ; il aurait pu dire aussi plus fort que toutes les physiologies et surtout la physiologie de Gall.

Que si du domaine philosophique on passe dans le domaine moral de la phrénologie, on apprend à avoir horreur de son système comme jusqu'ici on a appris à le nier. Une déplorable harmonie existe dans ses diverses conclusions. Cet accord logique entre toutes les parties d'une doctrine qui a le point de départ faux n'est autre chose que l'involontaire, mais nécessaire hommage que l'erreur rend à la vérité.

La raison était pour lui « le résultat de l'action simultanée de toutes les facultés intellectuelles. » La volonté sera donc « le résultat de l'action simultanée des facultés intellectuelles supérieures. »

A côté de ce mot étrange de *résultat*, M. Flourens place le mot *force ;* la raison et la volonté sont des forces ; c'est d'elles que partent les impulsions, les actions ; elles ne les subissent pas. *Forces ! résultats !* ces deux mots résument les deux systèmes au point de vue moral : qu'on choisisse entre les deux, l'option prouvera le cas que l'on fait de la liberté, ce mode essentiel de la vitalité de l'ame, ce premier et indestructible attribut de l'être intelligent.

Mais que parlons-nous de la liberté ? Ce mot a-t-il une signification dans la pensée de Gall, et ne le conserve-t-il pas par prudence, et dans la crainte du scandale qu'en causerait la suppression ? Si l'on doutait de ces assertions, il suffirait de lire la définition qu'il en donne : « La liberté morale, dit-il, n'est autre chose que la faculté d'être déterminé et de se déterminer par des motifs. » Quelle définition ! On peut dire de cette liberté qu'elle est faite par Gall pour le besoin de sa cause, comme disent les praticiens. Il lui fallait, pour parler son inintelligible langage, un ministre docile de ses facultés déterminantes ; je m'étonne même qu'il ne l'ait pas appellé le résultat de l'action simultanée des facultés morales. Quoiqu'il en soit de l'obscurité de son explication, on y voit pourtant assez clair pour comprendre que pour lui la liberté n'est plus cette manière d'être essentielle de l'être spirituel, ce plein et noble exercice de la causalité, ce principe primitif et dominateur de toutes les volontés et de toutes les actions : ce ne sera plus qu'un instrument passif dont il sera possible de calculer l'emploi à la seule inspection des organes qui lui impriment le mouvement. Or, s'il arrive, par hasard, qu'un organe indispensable vienne à manquer, et cela est possible, que deviendra la précieuse faculté ? Elle ne sera plus : que si, au contraire, elle se trouve sous l'influence fatale de l'organe d'une mauvaise faculté, la destructivité, par exemple, voilà que tous les crimes qui en seront le résultat, seront des actes normaux, qu'il serait cruel de punir, parce qu'ils sont forcés. On s'arrête effrayé devant ces conséquences, et l'on se demande si c'est de sang-froid et en les apercevant que l'auteur de la phrénologie a osé poser les principes scientifiques qui les engendrent rigoureusement. Non, il est pénible de croire à l'immoralité systématique ; il vaut mieux penser que Gall s'entendait moins en métaphysique qu'en anatomie : et qu'il n'avait même jamais réfléchi à l'exercice de la liberté, puisque cette faculté se développe également, avec des motifs, comme sans mo-

tifs, et surtout souvent contre des motifs reconnus détermi-
nants, et pourtant dédaignés. Ce que nous venons de dire
de la suppression de la liberté par Gall est si vrai, que par
une confusion de langage et une contradiction qui me paraît
inexplicable quoiqu'il cherche à l'expliquer, il appelle la liberté une faculté, et lui refuse un organe particulier, après
avoir dit que toutes les facultés doivent en avoir un. Re-
connaissons l'embarras du maître, il sentait bien qu'en la con-
servant générale avec un organe, elle absorbait tout; qu'en
la fractionnant entre tous ses autres organes, il l'annihilait.
Dans le premier cas, il tuait son système; dans le second,
il offensait et révoltait la conscience publique ; pour échapper
à cette fatale disjonctive, il s'est jeté dans le vague et a con-
servé le mot. Si, par là, on donne le change au vulgaire,
on n'échappe pas aux justes et perspicaces sévérités des grands
esprits : aussi le grand homme est-il bien heureux de n'a-
voir pas vécu du temps de Descartes. Il est, pour le moins,
curieux de savoir comment cet illustre philosophe parlait du
système dont l'idée-mère semblait déjà poindre. Ecou-
tons-le :

« On veut qu'il y ait en nous autant de facultés qu'il y a
de vérités à connaître, mais je ne crois point qu'on puisse
tirer aucune utilité de cette façon de penser ; et il me semble
plutôt qu'elle peut nuire, en donnant sujet aux IGNORANTS
D'IMAGINER AUTANT DE DIVERSES PETITES ENTITÉS EN NOTRE
AME. » Ce texte mis en lumière par M. Flourens est précieux ;
c'était tout à la fois de la part du pontife de la raison, du
plus pénétrant observateur des vérités ontologiques, c'était,
dis-je, une prophétie piquante, et un arrêt de mort que le
bon sens et la conscience confirmeront.

II.

Après le coup d'œil d'ensemble vient l'étude consciencieuse des détails. Nous n'entreprendrons pas d'en rendre un compte complet, parce que, condamné par la nature de notre travail à résumer l'œuvre qui fait l'objet de notre analyse, en résumant des détails, nous rentrerions infailliblement dans ce qui précède. Qu'il nous suffise de dire que M. Flourens est aussi précis dans ses discussions spéciales, qu'il est large et rigoureux dans ses considérations générales. Toute cette seconde partie de son travail est consacrée à l'examen des 27 facultés de Gall, et à la réfutation de l'hérésie métaphysique de la divisibilité de l'ame. D'après lui, l'innovation de ce savant n'est qu'un bouleversement opéré avec des mots. Cette idée est juste: en effet, avant lui, il existait un être indivisible dans sa substance, le principe pensant. L'abstraction, mode d'étude imposé par sa faiblesse à l'intelligence humaine, y avait opéré une division fictive, qui n'était qu'une simple dénomination distincte de chacun de ses principaux actes. Cette terminologie introduite dans le langage psychologique et dans le langage ordinaire, pour la facilité de l'expression et de l'étude des phénomènes de l'ame, respectait l'unité essentielle de l'esprit. Ce dernier agissait sous l'influence d'aptitudes et de penchants dont il était reconnu pour le premier modérateur ; et le sens intime lui attribuait pour cela le franc arbitre le plus incontestable. Enfin , si le philosophe était obligé de constater quelquefois la prédominance vincible pourtant de ces aptitudes et de ces penchants, il lui semblait plus facile, comme nous le dirons plus bas, de trouver la solution de cette modification du libre arbitre ailleurs que dans de certaines conformations causales, que nous verrons, tout-à-l'heure, également rejetées par l'anatomie et surtout par la physiologie.

A cela Gall a substitué ses sens ou aptitudes isolées et contingentes, et leur a donné à chacune pour attribut, ce qui aux yeux de l'ancienne ontologie s'était jusques-là appelé les facultés de l'ame, à savoir : la perception, la mémoire, le jugement, etc....... Chaque penchant ou aptitude a dû former d'après lui un être distinct, et doué d'une intelligence particulière complète. Ce sont bien là les petites entités de Descartes ; Gall n'aurait-il pas lieu de craindre l'épithète que ce grand homme inflige à leur inventeur ? Ainsi la question a été retournée par Gall, et son grand mérite est d'avoir supprimé dans l'homme, le maître, le chef, puis de l'avoir multiplié pour en faire l'esclave des penchants de l'organisation contingente. En termes clairs, on appellerait cela la dégradation de l'esprit et sa sujétion à la matière. Mais, sans aller à cette extrême conclusion dès à présent, n'est-il pas permis de demander si c'est là vraiment et sérieusement avoir simplifié la question et fait une substitution heureuse de doctrine.

Toutefois, si cette prétention est singulière, combien l'est encore davantage celle de maintenir les conséquences rigoureuses de la philosophie ordinaire qu'il renverse. Ainsi, il veut, et il est forcé de le vouloir, que ses petites entités morales ou intellectuelles soient contingentes, soient distinctes et isolées, soient invincibles, et il prononce les mots de conscience, d'ame, de liberté. Que seront donc cependant les devoirs de l'homme, la morale, si les actes de l'homme dépendent de son organisation ? L'homme ne pourra évidemment pas plus en répondre que de cette dernière elle-même. Allons, soyez donc franc, pensez haut ; écrivez plutôt un livre sur le fatalisme organique, vous serez alors conséquent, mais vous ne serez pas dangereux. Dans ce livre trouveraient parfaitement sa place, ces phrases déplorables que nous ne transcrivons qu'à regret :

« S'il existait un peuple dont l'organisation fût tout-à-fait défectueuse sous ce rapport (la théosophie), il serait aussi peu susceptible d'idée et de sentiment religieux que tout autre animal. » ..... « Il n'existe point de Dieu pour les êtres dont l'organisation n'est pas originellement empreinte de facultés déterminées. »

Voilà pour la grande idée, l'idée archétype. Et ailleurs : « Imaginons une femme dans laquelle l'amour de la progéniture soit peu développé.... si malheureusement l'organe du meurtre est développé en elle, faudra-t-il s'étonner que de sa main, etc..... »

Le phrénologue en dit tant que M. Flourens, le discoureur parlementaire par excellence, ne peut plus résister à sa généreuse indignation, cette sainte colère lui fait trop d'honneur pour que nous ne fassions pas juger à nos lecteurs à quelle source pure il en puise l'inspiration.

Gall apostrophe les guerriers injustes et sanguinaires: « Que ces hommes si glorieux, qui font égorger les nations par milliers, sachent qu'ils n'agissent point de leur propre chef; que c'est la nature qui a placé dans leur cœur la rage de la destruction. »

La nature ! M. de Maistre dit fort spirituellement, quelque part, qu'il ne connaît pas cette femme-là : c'est que Gall n'aurait ni pu, ni voulu se servir du mot de *providence*. La providence ne place rien de semblable dans les cœurs. Elle tolère les écarts de la liberté, les fait converger à leur insu vers son but, et voilà tout.

« Eh non ! répond noblement M. Flourens, ce n'est pas là ce qu'il faut qu'ils sachent; car, grâce à Dieu, cela n'est pas. Ce qu'il faut qu'ils sachent, ce qu'il faut leur dire, c'est

que, si la providence a laissé à l'homme la possibilité de
faire le mal, elle lui a donné aussi la force de faire le bien.
Ce qu'il faut que l'homme sache, ce qu'il faut lui dire, c'est
qu'il a une force libre ; c'est que cette force ne doit point
fléchir ; et que l'être en qui elle fléchit, sous quelque philosophie qu'il s'abrite, est un être qui se dégrade. »

Nous doutons que Gall eut résisté à une correction aussi
énergique. L'honnête homme chez lui n'était pas d'accord
avec le savant, et l'indécision de son esprit, que M. Flourens fait si bien ressortir, n'était peut-être que l'effet de
la décision contraire de son cœur. Le reproche de matérialisme l'effraie ; il prétend y répondre par une assimilation
de ses facultés avec celles de la philosophie ordinaire. La
philosophie ordinaire, dit-il, divise également en facultés,
et pourtant soutient l'unité essentielle de la substance pen-
sante, qui m'empêcherait d'en faire autant ? Il cherche donc
à reconstruire une unité dans son système : mais c'est une
reconnaissance forcée de la vérité, plus encore qu'une mauvaise réplique, qu'un parallèle irraisonné. En effet, outre
que c'est un démenti solennel donné à sa théorie première
dans laquelle il divise et isole tout, cette ingénieuse subti-
lité ne ferait pas disparaître la subordination de la pensée
à l'organisation matérielle, essentiellement contingente, la
suppression du libre arbitre, c'est-à-dire, la fatalité dans
l'ordre moral.

III.

Jusqu'ici nous avons pu parler avec une certaine assu-
rance, nous marchions sur le terrain commun des doctrines
métaphysiques ; mais, arrivé sur celui des doctrines physi-

ques, soit physiologique, soit anatomique, nous devons nous imposer une grande réserve et nous borner, en quelque sorte, à enregistrer les faits certains, les expériences décisives, en renvoyant et réservant toute l'autorité des témoignages aux maîtres de la science, de qui ils émanent.

D'après eux, Gall, qui faisait des semblants d'observation, n'a fait qu'affirmer gratuitement toute sa vie. Ainsi son système exigeait une anatomie spéciale. Eh bien ! le rapport que fit Cuvier en 1808, sur les travaux de Gall, constate l'absence complète de rapports entre lesdits travaux et le système ; ce savant s'exprime ainsi :

« Il est essentiel de répéter, ne fût-ce que pour l'instruction du public que les questions anatomiques dont nous venons de nous occuper N'ONT POINT DE LIAISON IMMÉDIATE ET NÉCESSAIRE AVEC LA DOCTRINE PHYSIOLOGIQUE ENSEIGNÉE PAR M. GALL SUR LES FONCTIONS ET SUR LE VOLUME DES DIVERSES PARTIES DU CERVEAU, et que tout ce que nous avons examiné touchant la structure de l'encéphale pourrait également être vrai ou faux, sans qu'il y eût la moindre chose à en conclure, pour ou contre cette doctrine. »

Le jugement est mémorable et rendu par un assez bon juge.

Gall aurait dû indiquer l'organe cérébral, distinct, isolé, correspondant à chacune de ses facultés distinctes, isolées : point. Il palpe et dessine sur le crâne, et tout est dit. Ses successeurs, d'après M. Flourens, n'ont rien fait de plus. L'anatomie de ce système est donc nulle : il serait difficile de conclure autrement.

Touché de cette inanité de preuve, M. Flourens cherche à se rendre compte de l'idée première de Gall, et croit avec raison la trouver *dans l'analogie qu'il suppose entre les fonctions des sens et les facultés de l'ame.*

En d'autres termes, Gall, de la division des sens extérieurs, qu'il supposait exister sans un centre unique de perception , conclut à une division analogue d'appareils organiques particuliers, affectés à ses diverses facultés.

Gall confondait deux choses distinctes : la perception et l'impression. Une expérience très sûre, et que le novateur ne prévoyait pas, a ruiné le principe sur lequel il établissait son analogie. En effet, l'œil restant le même, tout aussi sensible, tout aussi irritable, si l'on enlève les lobes cérébraux, l'animal ne voit plus; il en est de même de tous les autres sens. Donc, l'analogie de Gall manque de son premier terme, et cependant c'est sur elle, et à défaut d'anatomie spéciale, qu'il a échafaudé toutes ses inventions.

Que reste-t-il donc de tout cela, si ce n'est l'empirisme des opérations externes et leur généralisation, en un mot, la *cranioscopie?* Jugée, réduite à néant par l'exposition précédente, elle va tomber au dessous même de tout le reste du système. Dans l'examen direct qu'en va faire **M.** Flourens, les raisons, par lui données, sont des faits, et des faits tellement concluants, qu'il est permis à tous les esprits, même les moins initiés, d'apprécier leurs rapports avec la démonstration.

La cranioscopie est cette partie de la doctrine qui traite de la révélation des organes intérieurs du cerveau par des renflements ou bosses sur la paroi externe de la boîte osseuse du crâne. On conçoit que, pour que cette révélation fût possible, il faudrait, d'une part, que les organes internes fussent situés à la surface de la masse cérébrale, et, d'autre part, que le relief crânien fut l'identique reproduction de ladite masse. Ces exigeances sont de rigueur.

Or, la réponse à la première, c'est que les organes ne sont pas situés à la surface: la preuve, c'est qu'on peut enlever à un animal, soit par devant, soit par derrière, soit par côté, soit par en haut, une portion assez étendue de son cerveau, sans qu'il perde aucune de ses facultés.

La réponse à la seconde, c'est que Gall dit lui-même quelque part, avec (le mot nous échappe) une étourderie inouïe : « Qu'il nous est impossible de déterminer avec exactitude le développement de certaines circonvolutions par l'inspection de la face externe du crâne... Dans certains cas, la *lame externe* du crâne N'EST PAS PARALLÈLE A LA LAME INTERNE. »

Qu'opposer à ceci, quand on sait surtout que Gall, au lieu de loger ses organes dans les *circonvolutions*, c'est-à-dire les petites divisions extérieures et renflées du cerveau, les place dans les fibres, isolées ou en faisceaux, il est vrai ; ce qui rend la chose très claire ? Ces fibres, en effet, sont situées, de l'aveu même de Gall, assez intérieurement dans la masse cérébrale pour ne pouvoir se manifester à l'extérieur de ce même cerveau, et, à plus forte raison, de la partie même interne du crâne. Croyons, après cela, à la valeur de cette bizarre carte géographique de facultés, tracée par le maître sur le crâne humain, avec une outre-cuidance si inqualifiable. Laissons-nous séduire à ces romanesques illusions, et livrons, à la merci d'un rêveur ingénieux, les plus invincibles affirmations du sens intime, les plus indestructibles notions de la métaphysique. Il valait bien la peine vraiment de vanter la supériorité de l'induction sur le syllogisme, quand on ne peut pas faire une induction. Se prévaudra-t-on de l'expérience ou de l'observation comparée des crânes animaux ?

A cet égard, on se ferait difficilement une juste idée de l'ingénuité d'audace du docteur Gall, et il faut, en vérité, qu'il connaisse bien les hommes pour oser ce qu'il ose. Il serait trop long de détailler ici et l'insuffisance et l'*inconcluance,* mieux que cela même, l'opposition des faits par lui appréciés. Qu'il suffise de dire que le *cervelet,* dont il fait l'organe de la reproduction et qu'il donne pour la localisation la plus sûre de son livre, est reconnu, depuis lui, par les expériences les plus catégoriques, pour être le siége exclusif du principe de locomotion, et que l'organe de l'attachement dont le docteur va chercher le type dans le chien, existe au même degré chez le loup et le renard, très susceptibles d'attachement, comme chacun le sait. Vraiment, ces intéressants quadrupèdes ont été jusqu'à présent bien incompris !... On pourra rire 26 fois autant, si on lit l'excellent ouvrage que le savant M. Lélut, médecin de la Salpétrière, a composé sur l'oganologie de Gall. Dans ce travail précieux, prenant corps à corps chaque organe prétendu, il démontre son *irrélation* complète avec la faculté que les phrénologistes lui font représenter ; on peut même dire que, dans presque tous les cas, la prétendue faculté est en raison inverse du prétendu organe. C'est un livre à lire, en entier, après celui de M. Flourens : il porte si loin l'évidence, qu'il autoriserait le lecteur indigné à traiter le vénérable fondateur, comme un imposteur indigne, si l'on ne savait pas jusqu'où l'amour-propre de novateur et le faux esprit de système peuvent pousser une ame d'ailleurs honnête et un esprit d'ailleurs judicieux. Cette dissertation est, en outre, écrite parfaitement et présente les faits sous la forme la plus amusante et la plus instructive à la fois. Elle fait le plus grand honneur à son auteur, et couronne dignement les beaux travaux métaphysiques qu'il avait précédemment publiés sur cette intéressante question. On se plaît à y reconnaître la précision rigoureuse que cet habile observateur s'impose dans la vérification des faits avancés par Gall. De l'aveu de tous les praticiens, on ne pouvait traiter plus dignement un adversaire si peu digne. On est allé même jusqu'à plaindre l'auteur de s'être cru obligé, en conscience, de contrôler si sérieusement tant de pompeuses niaiseries; du reste, c'est simplement de la compâtissance et non pas du reproche, car M. Lélut a rendu un immense service à la science, en donnant ainsi le coup de grâce à l'anatomie comparée et à l'empirisme des phrénologues, et l'on doit même lui en savoir gré en raison précisément du dégoût inséparable d'une semblable tâche. C'est sans doute pour se délasser, lui et ses lecteurs, qu'il a terminé son savant travail par l'histoire des bévues du système. Le défilé des crânes célèbres est véritablement fort amusant : ainsi, à Champollion manque l'organe de la linguistique; à Vito Mangiamele celui du calcul ; à Napoléon, l'ampleur générale d'abord, puis tous les organes ensuite et surtout celui du génie de la guerre ou de la combativité et destructivité ; en sorte que, d'après Gall, ce géant de la gloire n'avait en lui, comme l'a dit je ne sais plus quel sot, que l'étoffe d'un sous-lieutenant hargneux, devenu l'enfant gâté des circonstances : il est vrai qu'il cherche à s'en tirer à l'aide d'un certain *rayonnement* magnétique qui agrandit et illumine les petits cerveaux des grands hommes et qu'il les couronne des deux cornes lumineuses de Moïse, partant des organes de l'idéalité et de la merveillosité!! Vous riez, lecteurs, de ces contradictions du mysticisme improvisé de Gall. Que sera-ce donc pour l'inqualifiable mystification que lui a valu le célèbre pseudo-crane de Raphaël d'Urbin? Richement doté par lui, comme de raison, de toutes les plus éminentes facultés esthétiques, il fut hélas ! forcé, lors de l'exhumation récente du grand peintre, de céder les fleurons de cette royale couronne du génie au crâne authentique et très ordinaire, phrénologiquement parlant, du célèbre italien: il n'était autre que celui d'un bon chanoine de Rome, fort peu artiste de son métier, mais qui aurait pu le devenir !..... Rien n'égale le charme des récits de **M.** Lélut, si ce n'est le sérieux des démonstrations auxquelles ils conduisent invinciblement; son travail d'anecdotes et d'observations, réuni aux dissertations générales de **M.** Flourens, forme le plus bel ensemble de réfutation dont puisse être honorée une erreur.

Mais, revenons à ce dernier qui l'emporte, ce me semble, sur l'autre, parce que, par un rare bonheur, il a su réunir en lui l'intérêt de détails suffisants et la manière sobre d'un rigoureux résumé. Aussi, tout passe-t-il en revue. Après Gall, vient Spurzheim; Spurzheim, premier apôtre du nouvel Évangile qui, le premier, aussi, déchire la tunique sans couture de son maître, et, sous prétexte d'introduire une nomenclature plus logique, bouleverse les augustes découpures, porte à trente-cinq au lieu de vingt-sept les facultés primitives, classifie, divise, subdivise, subit l'anathème du père et s'en va, hérétique impénitent, planter sa doctrine dans le Nouveau-Monde plus disposé à la foi que l'ancien. Après Spurzheim, vient enfin Broussais : Broussais, l'homme de la localisation, l'homme qui, méprisant le *moi* de Descartes, s'étonne que les philosophes raisonnent d'après le témoignage de leur conscience ! l'homme, enfin, qui en vient jusqu'à réhabiliter la dégoûtante absurdité de Cabanis, qui veut que la pensée soit *sécrétée* par son organe, le cerveau, comme l'estomac opère la digestion, et le foie filtre la bile.

Parmi tant d'autres, il y a bien eu encore un **M. Vimont**, qui a broché sur le tout et qui a voulu départager ses deux chefs, à la façon de Perrin Dandin : car il pourrait condamner un chien aux galères, comme on va le voir. Il prend un *mezzo-termine* charmant entr'eux deux et n'admet que ving-neuf facultés ; mais, chose admirable ! il est parvenu à les inscrire sur le crâne... d'une oie : heureuse bête ! On cite des maîtres d'écriture qui écrivent tout le *Pater* sur leur ongle ; vraiment **M. Vimont** est leur maître à tous...

Tels sont cette doctrine et ces docteurs si vantés, réduits, il nous semble, à leur valeur réelle.

Que restera-t-il de tout ce mouvement scientifique ? une meilleure anatomie générale du cerveau, l'attribution à l'intelligence, des lobes ou hémisphères cérébraux, pour organe exclusif et indivisible ; voilà tout. Gall aura provoqué et hâté le progrès de ces vérités contre ses théories. Le cerveau réagira en maître sur l'organe son esclave : l'organe subira cette réaction plus ou moins bien, suivant le plus ou moins de perfection morale dans la race ou dans l'individu, et rien n'empêchera d'admettre que, suivant les lois générales de la *dynamique* physique et métaphysique, qu'on nous passe ce mot, son développement matériel soit en raison directe de l'exercice. Toujours l'intelligence, une, sera maîtresse; elle pourra l'être d'un mauvais serviteur, un, qui lui opposera plutôt la force d'inertie qu'une résistance positive, mais elle n'en sera pas moins toujours une cause plus ou moins efficiente, elle n'en aura pas moins cet attribut exclusif de l'être immatériel. Se plaindrait-on que dans cette théorie les penchants restent inexpliqués? on répondrait d'abord que si Gall les croit expliquer, il rend, à son tour, inexpliquables l'ame et le sens intime, ce qui est, il est vrai, un moindre inconvénient : que, d'ailleurs, il est un moyen de les analyser plus commode et plus sûr que la cranioscopie, c'est, comme nous le disions plus haut, l'étude des déchéances et des régénérations, soit dans la race, soit dans les individus, au risque même de nous perdre dans le fait mystérieux mais incontestable des transmissions. L'excès, l'abus de la liberté rend tout possible : la volonté développe ou annihile les aptitudes diverses, *labor omnia vincit improbus;* comme et quand elle l'ordonne, commence ce travail sous l'action duquel on voit poindre et croître une aptitude nouvelle, qui, elle-même, doit réagir heureusement sur l'organe cérébral, leur instrument et leur révélateur ; mais cette réaction sera plus efficace dans la jeunesse, parce que c'est l'époque du développement général et de l'énergie du vouloir. Les penchants, qui sont dans l'ordre négatif ce que les aptitudes sont dans l'ordre positif de la liberté, suivent la même règle dans leur développement. Toujours des efforts de l'homme ou de sa paresse, résulte un autre homme, tout différent du premier. Ainsi des

races, ainsi des peuples , ainsi également et par une loi d'har--
monie, des formes de ces races, de ces peuples; les plus belles
appartenant toujours aux plus éclairés et aux plus moraux,
les plus ignobles aux plus barbares et aux plus dégradés. Comment expliquer toutes ces transformations incontestables avec
la tyrannie de l'organisation ? Le concile de Trente, d'accord
en cela avec Cicéron, entendait mieux la question, quand il
ne faisait de toutes ces tendances, les mauvaises surtout, que
des modifications, réparables pourtant, de la liberté : *Libertas
fracta ac debilitata.* Cela vaut mieux que de l'anéantir et de
dire que ces tendances sont l'ordre fatal et normal. De ces
idées au système de la localisation, il y a l'infini de distance.
Indépendamment des réfutations physiologiques, il nous
semble qu'elle n'a rien de sérieux à répondre à ce dilemme :
où l'organe est pure matière distincte de l'ame, et alors il ne
peut être *cause, moteur ;* la matière étant inerte radicalement.
L'ame règne sur lui librement, il n'est rien par lui-même et
ne peut être à l'ame que ce que la main, l'œil, etc., sont à la
volonté ; en un mot, il n'a aucun sens comme substance déter-
minante : ou il n'est pas pure matière, mais, au contraire,
un être spirituel et matériel tout à la fois, et doué d'une sorte
de causalité libre et spontanée, et alors l'intelligence est dé-
membrée, l'anarchie règne dans le royaume de la pensée et
de la volonté, le sens intime est aboli. Si l'on ajoute à cela la
contingence des organes et la possibilité de l'absence des sens
moraux, on se demande ce que deviennent les notions de
devoir, de vertu, de société, de Dieu. Tout se transforme né-
cessairement en fatalités normales, qui ne sont que les rigoureux corollaires de ce dangereux système.

Il est vraiment étrange que ce soit dans un siècle où l'on
a, avec raison, si fort exalté le sentiment de la dignité de
l'homme, où on l'a même exagéré peut-être, qu'on ait été chercher l'explication des mystères de sa nature dans la brute, son

inférieure, son esclave, et cela en invoquant la singulière loi d'une analogie avilissante. C'était vouloir expliquer le mystère par le mystère et, dans tous les cas, résoudre l'inconnu par l'inconnu. Quelles sont, en effet, les relations qui existent entre cet ordre de la création et nous? Qui a pu pénétrer et franchir les profondeurs qui nous séparent de ces humbles êtres, courbés sous des lois presque fatales, comme celles qui régissent la pure matière, et privés de ce sublime privilége de la parole, *incommunicable* pour eux? Quand bien même l'anatomie n'aurait pas formellement dit à Gall et à ses suivants, que tout défend de conclure de la bête à l'homme, n'aurait-il pas dû, s'il avait eu le sentiment de l'excellence de l'esprit, comprendre cette inconvenante impossibilité à la simple observation des deux termes de sa comparaison. Qu'a donc de commun l'instinct borné, fatal, improgressible, muet de l'animal, avec l'intelligence, expansible, indéterminée, presqu'infinie, *parlante* de l'homme? que si l'instinct se développe au delà de ses bornes ordinaires, que n'a-t-il remarqué que l'animal le doit à son rapprochement de l'homme; c'est plutôt alors, comme le rayonnement efficace de l'intelligence de ce dernier que la manifestation normale de cette modeste faculté, créée et établie pour conserver immuablement. L'instinct ne peut sortir de son ornière, quand il est livré à lui-même : sous sa loi dominatrice, l'animal ne peut ni vivre, ni se tuer librement. L'homme seul éprouve et perçoit, communique, et, si l'on peut dire ainsi, jouit en toute sa plénitude de la vie et de la mort. Il marche incessamment dans le champ infini du vrai, du bien et du beau ; la loi de sa nature s'appelle *devoir*, celle de la brute s'appelle *ordre*. Il y a l'abîme entre ces deux notions. Si Gall avait lu les livres saints plus souvent, il y aurait trouvé, dès l'abord, cette défense de les confondre, dans cette phrase si simple et si philosophique : *Nolite fieri sicut equus et mulus* QUIBUS NON EST INTELLECTUS. *Ne vous assimi-*

*lez point au cheval et au mulet auxquels l'*INTELLIGENCE *n'a pas été départie.* A ce bon conseil, il a préféré les sévères remontrances de l'anatomie. Il est juste d'être puni par où on a péché.

Mais, s'il est également aussi quelque chose d'étrange et d'inconcevable, c'est de voir que ce soit dans un siècle où tout aspire à la liberté et en exagère même la notion, que se soit produit et ait autant réussi, temporairement du moins, un système qui l'anéantit en lui substituant le matérialisme le plus exclusif. Serait-ce que toutes les fois que les hommes exagèrent une idée au point d'en faire un mal au lieu d'un bien, une loi de providence les condamne à sortir honteusement du temple de la vérité par la porte la plus surbaissée de l'erreur. On le croirait : l'on vit l'audacieux et inconséquent Luther, qui pourrait, à cet égard, avouer Gall pour son disciple, écrire e livre scandaleux du *serf arbitre* de la même plume qui avait buriné ses première révoltes contre l'autorité. Ainsi, l'hérésiarque se mentait à lui-même et expiait, par ce déshonneur mérité, l'abus qu'il avait fait de cette faculté divine et dénaturée en lui. Cette loi, qui régit les doctrines, régit aussi les actions ; à la licence anarchique des peuples, succède toujours le despotisme brutal ; à l'indépendance rationnelle et morale absolue des individus, succède plus infailliblement encore la tyrannie des sens et la prédominance presque invincible de la matière. Toutefois, toutes ces exagérations, quoique dégradantes, ont leur influence heureuse dans le travail d'une réhabilitation : de l'excès de l'erreur et de l'impression que produit sa laideur sans voile, naît une inévitable réaction, un retour empressé vers la vérité qui, malgré les passions mauvaises, a un irrésistible attrait pour le cœur de l'homme.

Espérons qu'il en sera ainsi du matérialisme dont la doctrine de Gall n'a été que la rigoureuse application ; tant que les philosophes seuls avaient lutté avec les généralités du sensualisme, leurs arguments s'étaient perdus dans le vague des dissertations métaphysiques. Depuis que la phrénologie a voulu naturaliser le matérialisme dans la physiologie, la science impartiale a ri de l'énormité de ses efforts, et les bons esprits, comme les nobles cœurs, se sont sentis naturellement refoulés vers les principes éternels de la saine raison, que ces coupables innovations faisaient, par l'opposition, resplendir d'un plus vif éclat. Le temps enfante laborieusement la vérité. Attendons donc patiemment : elle a toujours le dernier mot.

Honneur à M. Flourens pour en avoir avancé l'heure par sa lumineuse démonstration. Chef-d'œuvre de raisonnement, de style et de convenance, son ouvrage mérite une place de choix dans toutes les bibliothèques sérieuses. Si nous nous sommes laissé aller au plaisir d'en reproduire si complètement la substance, c'est que nous avons été jaloux d'en étendre, par ce compte-rendu, la salutaire influence sur les esprits qui n'abordent pas, d'ordinaire, les traités scientifiques spéciaux, et dont les convictions se forment et s'alimentent exclusivement dans les publications périodiques. Heureux de participer ainsi, malgré notre ignorance spéciale à une telle œuvre ; heureux, dans tous les cas, du moins, de prouver par là, à ce savant estimable, que nous ne connaissons que par l'utilité de ses remarquables travaux et sa juste réputation, que, s'il a voulu mettre la réfutation raisonnée de Gall au niveau des esprits les plus étrangers à ces sortes d'études, il a, nous croyons pouvoir le dire, atteint son but et acquis des droits incontestables à leur profonde reconnaissance, comme à celle de tous les amis de la religion, de la morale et de la saine philosophie.

www.ingramcontent.com/pod-product-compliance
Ingram Content Group UK Ltd.
Pitfield, Milton Keynes, MK11 3LW, UK
UKHW021157140726
13695UKWH00005B/2182